全民应急避险科普丛书

QUANMIN YINGJI BIXIAN KEPU CONGSHU

居家生活安全及应急避险指南

JUJIA SHENGHUO ANQUAN JI YINGJI BIXIAN ZHINAN

中国安全生产科学研究院 编

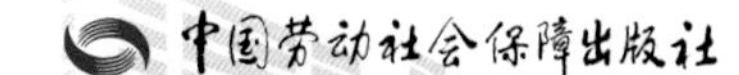

图书在版编目（CIP）数据

居家生活安全及应急避险指南/中国安全生产科学研究院编. -- 北京：中国劳动社会保障出版社，2020

（全民应急避险科普丛书）

ISBN 978-7-5167-4754-4

Ⅰ. ①居… Ⅱ. ①中… Ⅲ. ①生活安全 - 指南 Ⅳ. ①X956-62

中国版本图书馆 CIP 数据核字（2020）第 226968 号

中国劳动社会保障出版社出版发行

（北京市惠新东街 1 号　邮政编码：100029）

*

北京市艺辉印刷有限公司印刷装订　新华书店经销

787 毫米 × 1092 毫米　32 开本　3 印张　50 千字

2020 年 12 月第 1 版　2021 年 10 月第 3 次印刷

定价：15.00 元

读者服务部电话：（010）64929211/84209101/64921644

营销中心电话：（010）64962347

出版社网址：http://www.class.com.cn

版权专有　侵权必究

如有印装差错，请与本社联系调换：（010）81211666

我社将与版权执法机关配合，大力打击盗印、销售和使用盗版图书活动，敬请广大读者协助举报，经查实将给予举报者奖励。

举报电话：（010）64954652

编 委 会

主 任

刘国林　　张兴凯

副主任

高进东　　付学华

主 编

张晓蕾

编写人员

张　洁　张晓蕾　张英喆　苗永春　时训先
杨乃莲　梁　高　王胜荣　冯彩云　张晓学
毕　艳　李民楷

前　言

我国幅员辽阔，由于受复杂的自然地理环境和气候条件的影响，一直是世界上自然灾害非常严重的国家之一，灾害种类多、分布地域广、发生频次高、造成损失重。同时，我国各类事故隐患和安全风险交织叠加。在我国经济社会快速发展的同时，事故灾难等突发事件给人们的生命财产带来巨大损失。

党的十八大以来，以习近平同志为核心的党中央高度重视应急管理工作，习近平总书记对应急管理工作作出了一系列重要指示，为做好新时代公共安全与应急管理工作提供了行动指南。2018 年 3 月，第十三届全国人民代表大会第一次会议批准的国务院机构改革方案提出组建中华人民共和国应急管理部。2019 年 11 月，习近平总书记在中央政治局第十九次集体学习时强调，要着力做好重特大突发事件应对准备工作。既要有防范风险的先手，也要有应对和化解风险挑战的高招；既要打好防范和抵御风险的有准备之战，也要打好化险为夷、转危为机的战略主动战。因此，做好安全应急避险科普工作，既是一项迫切的工作，又是一项长期的任务。

面向全民普及安全应急避险和自护自救等知识，强化安全意识，提升安全素质，切实提高公众应对突发事件的应急避险能力，是全社会的责任。为此，中国安全生产科学研究院组织相关专家策划编写了《全民应急避险科普丛书》(共 12 分册)，这套丛书坚持实际、实用、实效的原则，内容通俗易懂、形式生动活泼，具有针对性和实用性，力求成为全民安全应急避险的“科学指南”。

我们坚信，通过全社会的共同努力和通力配合，向全民宣传普及安全应急避险知识和应对突发事件的科学有效的方法，全民的应急意识和避险能力必将逐步提高，人民的生命财产安全必将得到有效保护，人民群众的获得感、幸福感、安全感必将不断增强。

编者

2020 年 8 月

目录

Mulu

一、居家生活安全现状

二、居家生活安全常识

三、居家生活常见事故防范及应急避险措施

四、典型案例

一、居家生活安全现状

Jujia Shenghuo Anquan Xianzhuang

居家生活安全现状

1. 居家生活安全现状分析
2. 居家生活常见安全事故及原因

居家生活安全是家庭幸福的重要因素，但在我们日常家庭生活中却潜伏着许多不安全的因素，如火灾、触电、燃气泄漏、电梯故障、意外伤害、中毒、突发疾病等。这些危险因素若不能及时发现和消除，易引发居家生活安全事故，对个人及家庭造成人身伤害和财产损失。因此提高个人安全意识，掌握安全常识和应急避险方法，是避免居家生活意外事故非常有效的方法。

1.居家生活安全现状分析

研究表明，在很多经济发达国家，居家生活意外伤害事故已经成为人类非正常死亡的重要原因。在日本，除交通事故外，事故发生率最高的是家庭意外事故。在我国，86.8%的意外伤害事故发生在家中，且发生意外伤害事故的人员中，老幼人群占比较高，这与其自身身体素质和安全认知有关。

根据我国近年来发生的事故统计分析，在居家生活安全事故中，火灾、触电、燃气泄漏、电梯故障发生频率较高且后果严重。

2019年，我国城乡居民住宅火灾占火灾总数的44.8%，全年共造成1 045人死亡，占所有火灾死亡人数的78.3%。值得关注的是，住宅火灾中，电气设备引发的火灾数量居高不下，已查明原因的火灾中有52%系电气设备原因引起，尤其是各类家用电器、电动车、电气线路等引发的火灾越来越突出，仅电动自行车引发的较大火灾就有7起。这些突出问题应引起重点关注。随着电动自行车、新能源车保有量增多，以及人口老龄化的加快，火灾风险也将增大。

2019年，居民燃气事故共发生301起，占全年所有燃气事故的65.01%。电梯事故共发生33起，死亡29人，其中，由于操作不当、设备缺陷等原因造成的事故占大多数。

2. 居家生活常见安全事故及原因

居家生活安全事故主要包括家庭火灾、触电、燃气泄漏、电梯故障、盗窃、烧烫伤、摔伤、食物中毒、用药安全等。近年来，随着生活方式的改变，家庭火灾、触电和燃气泄漏三大意外事故的发生率逐渐增加。

居家生活安全事故的主要原因包括：

生活方式改变，危险因素增加。如电气设备的增多。

电气设备和生活用品质量参差不齐。

居民安全意识淡薄，缺乏事故预防和应急避险的相关知识。

使用者疏忽大意或错误操作。

二、居家生活安全常识

Jujia Shenghuo Anquan Changshi

居家生活安全常识

1. 常用应急联系方式
2. 居家生活安全注意事项
3. 居家常备应急物品

1. 常用应急联系方式

当遇到危险情况需要求助时，应及时拨打报警救援电话，平时应将家人电话和常用报警救援电话贴在家中显眼的位置。

- 报警电话110。
- 急救电话120/999。
- 火警电话119。
- 家人电话。

家人电话　报警电话110　急救电话120/999　火警电话119

2. 居家生活安全注意事项

在日常居家生活中，掌握基本的安全避险常识，了解有关安全注意事项，对于防范居家安全事故非常必要。

在家庭成员中普及应急避险知识。定期对儿童进行安全知识教育，使其会正确拨打报警救援电话，懂得火灾、地震、用电等日常安全与自救知识。

事先编制家庭逃生计划，绘制住宅火灾疏散逃生路线图，并确定一个安全的集合地点。同时，全家要对制定的路线图进行演习。

定期排查家中的安全隐患。例如，电线有无老化、裸露甚至断裂等现象。

家中可装设燃气报警器、烟雾报警器和防盗报警器，配备家用灭火器、灭火毯、强光手电等应急装置和物品。

家庭应急箱应放在方便易取之处，并告知所有家庭成员，定期对应急箱物品进行更新、整理。

日常外出或入睡前，确认“五关”，即关水、关电、关气、关门、关窗。

✓ 水龙头应关紧，以防水患。

✓ 家用电器、燃气和火源应关闭，以防火灾。

✓ 门窗应关好，以防盗窃。

3. 居家常备应急物品

为提高事故应急处置和逃生自救能力，家庭要配备基本的应急物品。如医药急救类、预警类、报警求生类、火灾处置类等物品。

医药急救类

药用棉花、纱布、绷带、创可贴、体温计、棉棒、碘酒、烫伤药膏、跌打损伤膏药、退烧药、止泻药、止痛片、止血药、催吐药、胃药、速效救心丸等。

预警类

烟雾报警器、燃气报警器、防盗报警器。

报警求生类

高频救生口哨、应急逃生绳。

火灾处置类

✓ 手提式灭火器。宜选用手提式ABC类干粉灭火器，可用于扑救家庭初起火灾。注意，灭火器要放置在便于取用的地方，须防止被水浸渍和受潮生锈，定期更换。

✓ 灭火毯。能起到隔离热源及火焰的作用，可用于扑灭油锅着火或者披覆在身上从火场逃生。

✓ 过滤式消防自救呼吸器。防止有毒气体侵入呼吸道的个人防护用品，由防护头罩、过滤装置和面罩组成，可用于火场浓烟环境下的逃生自救。

✓ 救生缓降器。逃生者可随绳索靠自重从高处缓慢下降的紧急逃生装置，主要由绳索、安全带、安全钩、绳索卷盘等组成，可用于高楼火灾逃生自救。

✓ 带声光报警功能的强光手电。具有火灾应急照明和紧急呼救功能，可用于火场浓烟以及黑暗环境下人员疏散照明和发出声光呼救信号。

三、居家生活常见事故防范及应急避险措施

Jujia Shenghuo Changjian Shigu Fangfan
Ji Yingji Bixian Cuoshi

居家生活常见事故防范及应急避险措施

1. 家庭火灾防范及应急避险措施
2. 触电事故防范及应急避险措施
3. 煤气中毒事故防范及应急避险措施
4. 电梯事故防范及应急避险措施
5. 盗窃事件防范及应急避险措施
6. 烧烫伤事故防范及应急处置措施
7. 摔伤事故防范及应急处置措施
8. 食物中毒防范及应急处置措施
9. 药物中毒防范及应急处置措施
10. 常见传染病防范及应急处置措施
11. 常见突发疾病的应急处置措施

1.家庭火灾防范及应急避险措施

近年来，由于住宅火灾的危险因素、危险程度不断增加，家庭火灾已成为危害人民生命财产的重要因素。根据有关数据统计，70%的火灾都发生在家庭，要高度关注和重视家庭火灾隐患。

预防家庭火灾，应注意：

- 使用燃气灶时，不要随意离开，防止汤水外溢浇灭灶火或被风吹灭灶火，导致燃气泄漏引发火灾。

- 定期检查燃气灶具的输气管、减压阀、软管等部件和接口处是否有老化、松动、受挤压、破损等现象，以防燃气泄漏。

- 当燃气泄漏时，应立即开窗、开门通风，千万不要开关电灯、开关家用电器、打电话、拖拉金属器具及穿脱衣服，更不能吸烟。

- 不私拉乱接电线。

- 尽可能选用可支持大功率家用电器的插座，使用移动式插座时注意不要同时开启多个大功率家用电器。

- 家用电器使用完毕后，及时关闭电源。避免只用遥控器关闭家用电器而不拔插头，导致家用电器部件在长期通电状况下发热引发火灾，或因雷击引发火灾。

使用电熨斗、取暖器时，要待其冷却后再收起。

燃气灶具和家用电器旁，不要放置易燃易爆等物品。

避免长时间使用电热毯，如果长时间通电，加上被褥覆盖，极易造成热量积聚引发火灾。

点燃蚊香或蜡烛时，应远离窗帘、衣物、书籍等可燃物。使用电蚊香后要及时拔掉插头。

切勿在床上或沙发上吸烟。

不要随意乱扔烟头，应把烟头掐灭在烟灰缸内。

电动自行车要在规定地点用正规充电器充电，充电结束应及时拔掉电源插头。

火灾初起时，若火势不大，可采取以下方式进行扑救：

当厨房油锅起火时，切忌用水浇，因为油的密度比水轻，燃烧的油会溅出导致灼伤或引燃厨房其他物品。首先应迅速关闭燃气阀门，然后利用身边工具灭火，灭火方法有：

✓ 用锅盖、湿毛巾或湿抹布覆盖在火焰上将火压灭。

✓ 倒入切好的蔬菜、足量的食盐将火焰压灭。

✓ 使用干粉灭火器灭火。要注意喷出的干粉应对着锅壁喷射，不能直接冲击油面，防止将油冲出油锅，造成火

焰二次蔓延。

当家用电器起火时，首先要切断电源，再用湿的棉被、毛毯或衣物将火焰压灭，切不可直接用水灭火。

当液化气罐着火时，可用浸湿的被褥、衣物等压住火焰，也可将干粉或苏打粉用力撒向火焰根部，在火焰熄灭的同时关闭阀门。

当纸张、木头或布类物品起火时，可立即用水扑救。

当使用酒精炉突然起火时，千万不能用嘴吹，要用茶杯盖或小菜碟等盖在酒精罐上灭火。

专家提醒

家庭要配备火灾逃生“四宝”：家用灭火器、应急逃生绳、简易防烟面具、强光手电。

火灾发生后，应采取以下应急避险措施：

保持镇定，及时拨打“119”火警电话。

准确判断火情，迅速从安全出口或安全通道逃生，切不可乘坐普通电梯逃生，更不要盲目跳楼。不要盲目跟从人流或相互拥挤、乱冲乱窜，以防踩踏。

先探查房门门板温度，再选择逃生路径。若手摸房门已感到烫手，切勿打开房门，应用湿的毛巾、床单、被子等物品堵塞门缝，并不停地向上泼水，防止烟火侵入。同时在窗口、阳台或屋顶处向外大声呼叫、敲击金属物品、向窗外投掷枕头等软物、在窗口挥动彩色衣物向外发出求救信号，夜间求救可借助强光手电。

如果烟雾弥漫，用湿毛巾捂住口鼻，沿墙壁，降低姿势，弯腰疾行逃离。

若大火阻断逃生路线，用灭火毯或浸泡过水的棉被、毛毯、棉大衣裹在身上，用最快的速度穿过火场，冲到安全区域。

在得不到及时救援时，若身居低楼层（三层以下），可借助绳索或将床单、被罩、窗帘等拧成麻花状，紧拴在门窗、阳台的牢固构件上顺势滑下，或利用室外排水管道等下滑逃生。

身上衣服着火时，切勿奔跑，也不宜用灭火器向身体喷射。应尽快脱下着火衣服，或就地打滚将火压灭，或就近跳入浅水池塘中。

专家提醒

拨打“119”火警电话时，要向接警中心讲清楚火灾所在小区、街道、门牌号码、着火物体、火势大小及人员伤亡情况等信息；讲清自己的姓名和电话号码，以便联系，同时还要注意听清对方提出的问题，以便正确回答。

2. 触电事故防范及应急避险措施

随着电气设备的应用越来越广，触电事故也相应增多。触电会导致心脏、呼吸和中枢神经系统机能紊乱，或对人体的表面造成电伤，甚至危及生命。在日常生活中要防范触电事故的发生，并掌握正确的应急处置方法，尽可能减少触电事故造成的伤害。

防止触电事故，应注意：

- 购买合格的、有安全标志或有安全防护装置的家用电器产品。

- 使用移动式插座时，不要同时开启多个大功率家用电器。

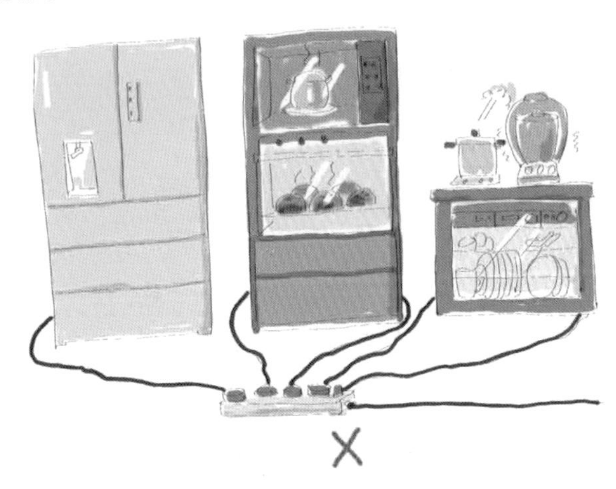

家用电器的金属外壳要做接地保护，不得随意将三孔插座改成两孔插座。

要使用合格的漏电保护器；电线绝缘层剥落时，不能用普通胶布代替绝缘胶布修补电线接头。

已经老化或破损的旧电线、旧开关，若出现拉弧、打火、接触不良等情况时，要停止使用并及时更换。

检修电路、拆修电气设备时，必须先切断电源，切勿冒险带电操作。

拔插头时应手握插头取下，不能猛拉硬拽电源线。

不能用湿手、湿布擦带电的灯头、开关及插座等。清洁电气设备时要先切断电源再用干燥、洁净的抹布擦拭。

手机不要边充电边使用。

家用电器在使用中，如有冒烟、冒火花、发出焦烟异味的情况时，应迅速切断电源并及时检修。

不私拉乱接电线。不要在电线上晾晒衣物或悬挂物体，或将电线直接挂在铁钉上。

避免儿童触碰插座。儿童能够触及的插座最好套上专用的插座保护罩。

遇到雷雨时，应将电扇、电视机等家用电器的电源切断，不要靠近铁栏杆、金属门窗等易受雷击的地方。

一旦发生触电事故，应采取以下应急处置措施：

迅速关闭电源开关。拉断电源总开关是最简单、安全而有效的方法。

设法挑开电线。应使用绝缘工具（如干燥的木棒、木板等）挑开或切断触电者身上的带电物品。

“拉开”触电者。切勿直接接触触电者，施救者可在自己脚下垫一块干燥的木板或厚塑料板等绝缘物体，用干燥绝缘的木棒或用布条、绳子、衣服等绕成绳条状套在触电者身上使其脱离带电体。

触电者脱离带电体后，恢复心跳和呼吸是最重要的，应立即拨打“120”急救电话，同时针对不同情况施救。据临床资料统计，从触电1分钟开始救治者，90%有良好效果；从触电6分钟开始救治者，10%有良好效果；从触电12分钟开始救治者，救活的可能性很小。

✓ 若触电者伤势较轻、神志清醒，但全身无力、四肢

发麻，应使其平卧休息，注意保持空气流通，解开其紧身衣服以利呼吸。不要随意搬动伤员。

✓ 若触电者呼吸困难或停止，而心跳尚存，应立即对其做人工呼吸。

✓ 若触电者心跳停止，呼吸尚存，应立即用力在其心前区用拳叩击2次，然后做胸外按压。

✓ 若触电者呼吸和心跳均停止，应立即对其进行心肺复苏（CPR）抢救。

3. 煤气中毒事故防范及应急避险措施

煤气中毒，即一氧化碳中毒。每年的秋冬季是煤气中毒事故高发的季节，常因冬天煤炉取暖、门窗紧闭，或者液化气灶具或燃气管道泄漏等原因引起。由于吸入一氧化碳的浓度和中毒时间的长短不同，症状表现也不同。轻者头晕、头痛、心悸、恶心，重者面色潮红、口唇呈樱桃红色。如发现时间过晚，吸入一氧化碳过多，会呈现深度昏迷、各种反射消失、大小便失禁、四肢厥冷、血压下降、呼吸急促，甚至死亡。

预防煤气中毒，应注意：

- 勤开窗通风。
- 定期检查燃气管道，发现老化、破损或连接处松动，应及时修复或更换。
- 烹饪时，不要长时间离开厨房，以免汤水溢出浇灭灶火造成燃气泄漏。
- 燃气长期不用时，要关掉燃气总阀门。
- 发现燃气泄漏，应迅速打开门窗通风，关闭燃气总阀门，并请燃气公司进行检查修理。不要在漏气时开关电灯、打手机、开关电气设备。

燃气管道改装以及安装燃气热水器时一定要请专业人员上门进行改造或安装。

使用液化气钢瓶时要使钢瓶直立，避免猛烈振动或碰撞。

用户在使用燃气时，如出现火小或停气现象，应关闭燃气灶具阀门，待压力回升或接到恢复供气通知后再开始使用。

一旦发生煤气中毒事故，应采取以下急救措施：

关掉燃气总阀门，尽快让患者离开中毒环境，并立即打开门窗通风。

将患者移至空气新鲜、通风良好的安静地方休息。

使患者平躺，解开衣扣和裤带，保持呼吸道通畅，清除口鼻分泌物，做好保暖，若有条件给吸氧。

如发现呼吸微弱或停止，应立即进行心肺复苏。

对于昏迷不醒的重度患者，应尽快拨打“120”或“999”急救电话抢救。

专家提醒

一氧化碳中毒的最佳处置方法是接受高压氧治疗，因此应把患者送到有高压氧舱的医院抢救治疗，将脑损伤降至最低。

4. 电梯事故防范及应急避险措施

随着高层建筑不断增多，电梯被广泛使用。然而电梯有时因自身原因或操作不当，使人们处于危险境地。因此，要做到文明乘坐电梯，同时要学习必要的应急避险知识。

乘坐电梯时，应注意：

出入电梯时，要等轿厢停稳、轿厢门完全开启后有序出入，切勿盲目进出，以免坠井事故的发生。

当轿厢门快要关上时，不要强行冲进电梯，不要用肢体去挡即将关闭的轿厢门。一旦轿厢门感应功能出现

故障，或身体某部位处于感应盲区，易被轿厢门夹伤。需要使轿厢门保持打开状态时，可按住轿厢的开门按钮。

不要背靠轿厢门站立，以免门打开时摔倒。

在电梯内，不要嬉戏玩耍、打闹、跳跃或乱摁按钮，否则极易导致电梯安全装置误动作，发生被困电梯或其他意外事故。

当电梯超载报警时，不要强行挤入，最后上梯的乘客应自觉退出，以免因超载影响运行安全。严重超载会导致牵引绳打滑，轿厢下滑等事故发生。

电梯到站停稳后如果未开门，可按开门按钮打开轿厢门，不可强行扒门、撬门，以免坠落梯井事故的发生。

携带宠物上下电梯时，不要使用过长的细绳牵领，应用手拉紧或抱住，以防细绳被轿厢门夹住引发事故。

遇火灾、地震、楼层跑水或电梯正在进行检修时，切勿乘坐电梯，应从安全通道离开。如电梯运行中突发火灾，立即在就近楼层停靠逃生。

在遇到电梯发生异常现象时，要保持镇定，并采取以下应急避险措施：

如果电梯突然停止运行，被困电梯内时，可利用电梯内的警铃、电话、对讲机等求救；如无法立刻联系到相关人员，可大声呼救、间歇性拍打电梯门向外界求救。切忌频繁踢门、拍门。

如果遇到停电，或者手机在电梯内没有信号时，要注意倾听外界的动静，伺机求援。因为电梯都安装有安全防坠装置，即使遭遇停电，安全装置也不会失灵。切勿强行扒门、撬门，避免发生坠井事故。

电梯顶部均设有安全窗，仅供电梯安装、维修人员使用。必须由专业人员开启使用，切勿擅自扒、撬电梯轿厢上的安全窗。

电梯突然下坠时，应注意：

✓ 不论有几层楼，应迅速按下电梯每一层的按钮。

✓ 整个背部和头部紧贴电梯内壁，用电梯内壁保护脊椎。

✓ 握紧电梯内的扶手，防止重心不稳摔伤。如果电梯内无扶手，用手抱住脖颈，避免脖子受伤。

✓ 双腿微弯，以承受下坠压力；脚尖点地、脚跟提起，以减缓冲力。

5. 盗窃事件防范及应急避险措施

居家生活中盗窃事件时有发生，一般在夏季和过年前较为多发。一旦发生，不仅会造成一定的经济损失，还会威胁到人身安全。

预防盗窃事件，应注意：

出门随手关好门窗以防小偷顺手牵羊。夏季不要图一时凉快将门窗打开，尤其单身女性独自在家时更要注意。

及时清除门上的小广告或其他莫名的符号标记。在居民门上插贴小广告已成为犯罪分子踩点的手段之一，

他们以此来判断家中是否有人，伺机作案。

不要在家中存放大量现金或金银首饰等贵重物品。如果确有需要在家中存放，应放到隐秘之处。

楼道单元门要随手关闭。居民楼最好安装楼宇对讲机，可阻止闲杂人员任意出入，平房住户应将明锁更换为防撬锁。

回家开门前要注意是否有陌生人尾随进入楼道，发现形迹可疑的人要立即与物业保安联系，或向邻居求助。夜间回家时要提前准备钥匙，不要在门口耗时寻找。

傍晚出门散步时，家里可留盏灯，造成家中有人的假象，以防犯罪分子趁机作案。

要封闭通往楼顶的通道。犯罪分子往往利用此通道入户作案或逃离现场。出门或睡前将门窗关严锁好，在家养成反锁门的好习惯。不要将钥匙存放在门前脚垫下、花盆等处。

有人敲门时，要问清来者身份，不要轻易开门。若声称是物业或修理工等人员，要和家人确认是否事先有约定。发现可疑人员可致电物业或报警。

家中可安装隐形锁、防盗窗、防盗门、可视门铃或监控摄像头等。在可攀爬入户的关键位置可加装专业“防爬刺”；底层住宅的围墙上，应加插碎玻璃或安装铁栅栏。

一旦遭遇盗窃，应做到：

及时拨打“110”报警电话，保护好现场，待公安机关前来调查。不要急于入室清点财物，避免现场被破坏。

存折、银行卡等被盗后应尽快到银行办理挂失。

发现家中有犯罪分子时，要以保护自己的生命安全为重。最好不要出声惊动犯罪分子，可将门反锁，然后拨打“110”报警电话求助。

如在睡梦中被犯罪分子惊醒，不要惊慌，不要乱动，尽力观察并记住犯罪分子的行为举止。如遇蒙面的犯罪分子，要记下其身高、衣着、口音、举止等特征，为警察提供线索。

独自在家时，设法让犯罪分子认为家人马上会返回。必要时应舍弃财物，优先确保人身安全。

遭遇犯罪分子捆绑时，往前伸手，尽可能让犯罪分子把你的手捆绑在身前而不是身后。同时，在被捆绑时，尽量把肌肉绷紧，以便逃脱时容易挣脱。

6. 烧烫伤事故防范及应急处置措施

烧烫伤是一种生活中较为常见的意外伤害事故。数据显示，我国每年约有2 600万人发生不同程度的烧烫伤，占总人口的2%。0~12岁儿童烧烫伤的占比高达30%~50%。日常生活中的烧烫伤以开水、热油、蒸汽等烫伤和火焰、电灼伤最为多见。如果能及时采取正确的处置方法，可最大限度减轻烧烫伤带来的伤害。

预防烧烫伤事故的发生，应注意：

- 使用热水袋时，需用毛巾包裹，以摸上去不烫为宜。注意拧紧热水袋盖子，检查好后再使用。
- 做饭时，不要让儿童在厨房玩耍，以免被热油、热水烫伤。
- 热水瓶、热汤锅等不要放在儿童可以触摸到的地方。
- 洗澡时，应先放冷水后再放热水，热水器温度应调到50 ℃以下。
- 使用电暖气和火炉时，周围要设围栏，以防烫伤。

一旦发生烧烫伤事故，应采取以下措施：

凉水冲洗。刚被烧烫伤时，要立即用流动的凉水（15~20 ℃）冲洗15~30分钟，快速降低皮肤表面热度，减少烧烫伤处的进一步损伤和疼痛感。要注意大面积烧烫伤，尤其是儿童和老人，应避免过长时间浸泡于冷水中。

脱去衣物。如烫伤处轻度红肿、无水泡、疼痛明显时，用凉水冲洗降温后小心脱去衣物。若伤处与衣物粘连，可用剪刀把衣物剪开。

用纱布包扎。轻度的烧烫伤可先在伤患处涂上烫伤膏，然后用干净纱布包扎，两天后查看创处，如果出现好转，应继续涂抹烫伤膏，然后再行包扎。一般的烧烫伤两周内即可愈合，若没有痊愈，应就医。

若是化学烧伤，应立即用大量清洁的凉水冲洗至少30分钟，并迅速就医。

烧烫伤严重时，拨打“120”或“999”急救电话，及时送医院做进一步处理。

专家提醒

不要在烧烫伤之后在创面上涂抹香油、酱油、牙膏、紫药水等，这些物品不但没有治疗作用，还容易引起受伤处的感染，也会影响医生的观察，增加治疗的难度。

7. 摔伤事故防范及应急处置措施

居家生活中，摔伤事故常发生在浴室、楼梯、厨房等处，高发人群主要是老人和儿童。摔伤事故的防范主要从光线、地面、安全防护措施着手。

预防摔伤事故的发生，应注意：

- 地面湿滑要及时清理，浴室门口或浴缸旁应铺有防滑垫。
- 在淋浴处和马桶附近应安装安全扶手，以免滑倒。

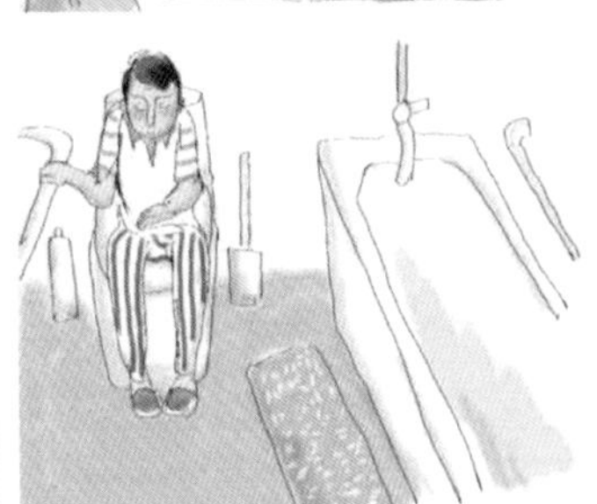

保持地面、楼梯清洁，不堆放杂物，及时清理障碍物。房间内电线要紧靠墙脚，不要散落在地面，避免被绊倒。

破损的地毯、凸起的地板和瓷砖要及时修缮处理，避免被绊倒。

常用物品尽量放在伸手可及的地方，避免登梯踩凳而摔倒。

家中床的高度要适中，尤其老人和儿童用床避免太高，儿童床尽可能有围栏。

穿鞋要穿尺码合适、大小适中的鞋，老人和儿童最好穿防滑鞋。

安装夜间照明灯，方便夜晚可以在家中各处走动。

一旦发生擦伤、扭伤或骨折，应采取以下应急措施：

摔伤事故常导致皮肤擦伤、扭伤（如脚踝）、骨折等，严重者可致昏迷。要针对不同情形进行紧急处理。

当皮肤擦伤时，应注意：

✓ 面积小、没有出血或轻微出血的，在伤口周围涂一些碘酒，再用干净消毒纱布包扎。

✓ 若伤口有污物，用生理盐水冲洗干净后再涂碘酒，用医用纱布包扎。

✓ 若擦伤面积大或出血量大，立即用干净纱布包扎止血，及时就医。

当发生扭伤事故时，应注意：

✓ 立即休息。继续活动可能导致关节扭伤加重，造成二次损伤。

✓ 冷敷和热敷。在扭伤的24小时内，每2小时左右用毛巾包裹冰袋放在扭伤关节处冷敷15分钟，以缓解肿胀，减轻疼痛。若皮肤感觉麻木，应立即停止冷敷。超过24小时可进行热敷，或喷涂红花油等活血药物，不要按揉。

✓ 加压包扎或固定。主要针对踝关节，把踝关节固定住，避免受伤的韧带再受到压力，造成习惯性脚扭伤。

✓ 抬高患肢。将扭伤部位抬高，促进血液循环，减轻肿胀的情况，可以缩短症状持续时间。

✓ 扭伤严重时，应及时去医院拍X光片检查并治疗。

当发生骨折时，应注意：

✓ 骨折现场救护要遵循“三不”黄金法则，即不复位、不盲目上药、不冲洗。

✓ 发生骨折后要保持镇定，避免移动。

✓ 用木板、硬纸板、擀面杖等物品固定，固定不宜过紧。木板和肢体之间垫松软物品，夹板的长度要超过受伤部位，并能够超过或支撑伤口上方和下方的关节。

✓ 对于脊柱、腰部及下肢骨折的患者应及时拨打“120”或“999”急救电话，送医治疗。

专家提醒

不要用手揉捏、按摩受伤部位，也不要随意活动患处。

8.食物中毒防范及应急处置措施

在日常生活中，如果食用了被细菌、病毒、有毒物质污染的食物，可能引发食物中毒。轻微食物中毒会导致头晕、恶心、腹泻等症状，严重时可能会危及生命。

根据引起中毒的物质，可将食物中毒分为如下4种：

细菌引起的食物中毒。细菌性食物中毒多发于高温、潮湿的夏秋季节，较高的气温为细菌繁殖创造了有利条件。容易被细菌污染的食物有肉、鱼、蛋、乳及其制品和剩饭剩菜等。

化学毒物引起的食物中毒。主要是农药、鼠药等有毒化学物质混入食物所致，例如被农药污染的蔬菜、水果等。

有毒动物引起的食物中毒。由于加工、烹调时毒素未完全清除，食用后则会中毒。如河豚、生鱼胆等。

有毒植物引起的食物中毒。由于种植、储藏或加工方法不对而没能除去食物中的天然毒素所致。如霉变的甘蔗、未煮熟的豆浆、生扁豆、毒蘑菇等。

预防食物中毒，应注意：

养成良好的卫生习惯。不吃生食、不喝生水，做到饭前便后洗手。

保持厨房环境和餐具的清洁卫生。生熟炊具分开使用，生熟食品分开存放，防止细菌污染。

彻底加热食品，特别是肉、鱼、蛋、乳及其制品，扁豆、豆浆等应烧熟、煮透。

选择新鲜、安全的食品。切勿购买和食用腐败变质、过期和来源不明的食品。切勿食用发芽马铃薯、野生蘑菇、河豚等可能含有有毒有害物质的食品。

肉类食品应低温储藏，食用时必须煮熟、煮透，以控制细菌繁殖。由于海产品附着菌类可低温存活，故须煮沸后食用。

不吃无证无照、流动摊档和卫生条件差的饮食店售卖的食品。

少吃油炸腌制食品，冷饮要节制。

熟食应及时食用，隔夜的食物要经过彻底加热后食用，若放置时间太长则不要食用。

一旦发生食物中毒，应采取以下应急措施：

立即停止食用有毒食品，并保留疑似有毒食品或呕吐物和排泄物，以备送检。

病情严重时拨打“120”或“999”急救电话。

在等待救援过程中，可通过稀释、催吐、导泻等急救措施进行自救，自救过程中防止呕吐物堵塞气道引起窒息。

✓ 稀释。饮用大量洁净水，稀释毒素。

✓ 催吐。用筷子、勺柄或手指伸向咽喉深处或舌根部，催吐，以减少毒素的吸收。

✓ 待呕吐结束后，饮用温开水或生理盐水，防止吐泻造成脱水。

✓ 若食用变质的鱼、虾、蟹等引起食物中毒，可用食醋兑水（比例为1：2）稀释后服下。

✓ 若误食了变质的饮料或防腐剂，可给饮鲜牛奶或其他含蛋白的饮料进行解毒。

✓ 导泻。若食用有毒食物的时间较长(超过2小时)，

且精神较好，可采用服用泻药的方式，促使有毒物质排出体外。

✓ 若腹痛剧烈，可采取仰卧姿势并将双膝弯曲，缓解腹肌紧张。

9. 药物中毒防范及应急处置措施

由于未按医嘱用药、滥用药物、服药过量、误服或合并用药不当等原因，均可能引起药物中毒。

预防药物中毒，应注意：

- 购买药品时，要到正规医院或药店购买。
- 严格遵循医嘱服药，防止滥用药物。

- 防止药物过敏。凡是过敏体质或过去曾有药物过敏史者，服用药物应格外小心，就医时要告诉医生。
- 切勿乱用秘方、民间偏方、滥用非处方药和营养药等。

不要轻信保健品、药品广告宣传。

适时停药，不要嗜药成瘾，以免长期用药对身体造成伤害。

一旦发生药物中毒，应采取以下措施：

催吐。药物尚未到达肠道，可采取用手指、筷子、汤匙等轻触咽喉深处或舌根部的方法进行催吐，以加快毒物的排除。症状严重时，应及时去医院洗胃。

导泻。如果服用时间较长，则适用导泻法，使进入肠道的药物迅速排出。可用硫酸镁或硫酸钠15~30克加适量温水溶化服下，然后大量喝水，以加速排泄。对于腐蚀性药物中毒、极度衰弱或重度脱水者，忌用导泻。

若患者出现昏迷，应迅速使其平卧。如果患者面色青白，表示脑部缺血，应使其呈头低脚高位；如果面色发红，表示头部充血，应使其呈头高脚低位。

若患者出现窒息，应尽快将患者移至空气新鲜处，并施行人工呼吸。

经过以上临时急救措施后，立即将患者送往医院做进一步的救治。

出现窒息，人工呼吸。

催吐、导泻。

10.常见传染病防范及应急处置措施

传染病是由各种病原体（细菌、病毒等）引起的，能在人与人、动物与动物或人与动物之间相互传播并广泛流行的疾病，可通过空气、飞沫、粪口、接触等途径传染。常见类型有细菌性痢疾、流行性感冒、甲型肝炎、狂犬病等。

预防传染病，应注意：

养成勤洗手、多通风、不随地吐痰等良好的卫生习惯。

及时接种疫苗。

注意饮食和饮水的安全卫生，不吃不干净的食物和野生动物等，切勿饮用过期的桶装水，警惕水体变质。

加强体育锻炼，注意劳逸结合，增强免疫力。

传染病高发期，尽量避免去人群聚集的公共场所。乘坐公共交通工具或去医院等人群密集场所，应戴口罩。

要注意与传染源隔离。

阿嚏！

流行性感冒

流行性感冒（以下简称流感）是由流感病毒引起的一种突然发生、蔓延迅速、感染人数多的急性呼吸道传染病。流感与普通感冒不同。流感主要经咳嗽、喷嚏产生的飞沫传播，或是经餐具、毛巾等传播。

主要症状：流感具有普通感冒的症状，还有明显的怕冷、发热甚至高烧、剧烈咳嗽、头痛、肌肉酸痛等症状；极易引起支气管炎、肺炎、心肌炎等并发症。

一旦感染了流感，可采取以下措施：

- 患者要尽量避免与他人接触。隔离至少5天或待发烧、咳嗽等症状消失后48小时再解除隔离。外出时必须戴口罩。

- 若发烧，可用物理降温或退热药物。儿童发热以物理降温为主，体温高于38.5 ℃时可服用退热药物。

- 多喝水，遵医嘱服药，避免盲目使用抗生素，脱水时要适当补液。

- 若症状严重，及时就医。

细菌性痢疾

细菌性痢疾是我国的常见病，潜伏期一般为1～3天，多见于夏秋季，流行期为6月至11月，发病高峰期在8月。

主要症状：发热、腹痛、腹泻、黏液脓血便，严重者可引发感染性休克或中毒性脑病。

一旦感染了细菌性痢疾，可采取以下措施：

- 让患者卧床休息，注意腹部保暖。
- 给予患者流质或半流质饮食，忌食生冷、油腻或刺激性食物。
- 保持水、电解质和酸碱平衡。有失水者，无论有无脱水表现，均应口服补液，严重脱水或有呕吐不能由口摄入时，应采取静脉补液。
- 发热者以物理降温为主，高热时可给予退热药物。
- 病情较严重者及时就医。

甲型肝炎

甲型肝炎是甲肝病毒引起的急性传染病，它是各种病毒性肝炎中发病率最高的一种，是典型的肠道传染病。主要经污染的水和食物、日常直接或间接接触传染。

主要症状：突然发热、腹部不适、食欲减退、全身乏力、呕吐、肝区痛、皮肤黄染等。

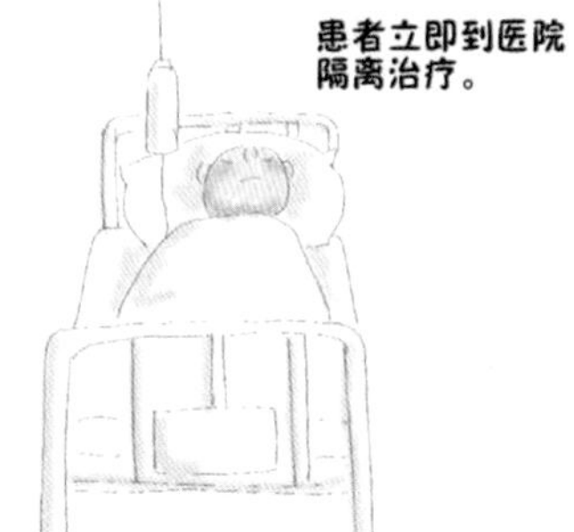

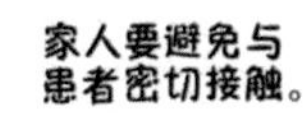

家里要实行分餐制。

一旦感染了甲型肝炎，应采取以下措施：

- 患者立即到医院进行隔离治疗。
- 家人要避免与甲肝患者密切接触。
- 家里实行分餐制。
- 对患者排泄物进行消毒。

专家提醒

如果与甲肝患者亲密接触，可预防性注射人血丙种球蛋白或胎盘球蛋白。

狂犬病

狂犬病是由狂犬病病毒引起的一种人、兽（畜）共患的急性传染病。多见于狗、猫等肉食动物。人们多因被动物咬伤而感染，一旦感染，死亡率几乎为100%。

主要症状：前期伤口部位发麻、瘙痒、疼痛，顺着神经走向遍布肢体，可能发生行为改变。例如狂躁、恐惧不安、怕风、流口水和咽肌痉挛、不能说话，昏迷、瘫痪而危及生命。

狂犬病的预防与应急处置措施：

- 高危人群要预防接种狂犬疫苗。
- 尽量避免与动物密切接触，以防被咬伤、抓伤等。

被动物咬伤后，立即到有医疗资质的诊所或医院处理伤口，并在24小时内注射疫苗。即使打过防疫针，被咬伤者也要及时注射疫苗。

及时用大量的肥皂水和清水清洗伤口。

根据咬伤程度，注射抗狂犬病血清或狂犬病免疫球蛋白。

需要时对伤口进行破伤风预防和抗菌治疗。

11. 常见突发疾病的应急处置措施

在居家生活中，常见的一些突发疾病诸如不稳定性心绞痛、心肌梗死、中风（脑出血、脑梗死）、哮喘等疾病，严重威胁人们的身体健康甚至生命。我国健康大数据统计数据显示，我国高血压患者约有1.7亿人、高血脂患者有1亿多人、糖尿病患者有9 000多万人、22%的中年人死于心脑血管疾病。60岁以上的人群患病率为56%。流行性感冒发病数近年来也持续增加，2019年，我国流行性感冒发病数为353万余例，较2018年增加了约277万例。

如果在发病过程中能及时有效地应对，采取正确的紧急处置措施，可以大大减少很多并发症的风险，甚至可以挽回生命。

不稳定性心绞痛

冠心病主要表现为稳定性心绞痛、不稳定性心绞痛和急性心肌梗死。不稳定性心绞痛危险性极高。

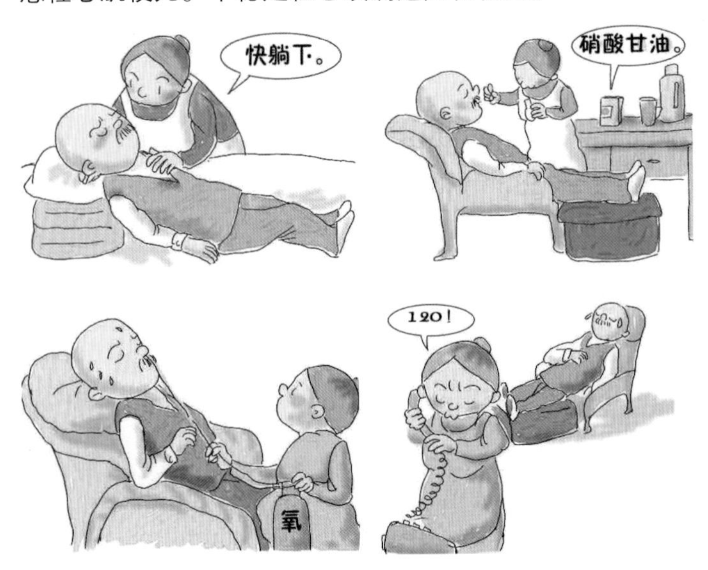

主要症状：心前区或胸骨后闷痛，可放射至颈部、后背、左肩、左侧手臂、左手无名指等处。心悸、呼吸困难。

常见的应急处置措施：

躺下或坐着休息，缓解紧张情绪。

- 立即舌下含服硝酸甘油、消心痛或速效救心丸。
- 有条件者，以2~4升/分钟吸氧。
- 胸痛持续不缓解，伴有全身出汗者，立即拨打“120”急救电话，送医院救治。

急性心肌梗死

随着生活节奏的加快，生活压力的激增，加之不良的生活习惯，急性心肌梗死不仅是威胁老年人生命的常见杀手，其发病率也逐渐趋向年轻化。

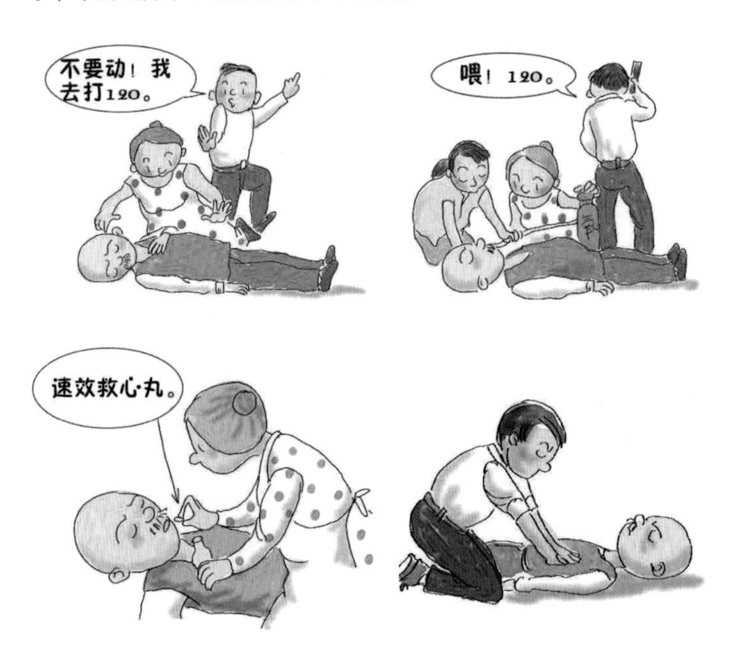

主要症状：心前区憋闷，出现剧烈压榨样疼痛，并放射至上肢、颈背部和上腹部等，疼痛可持续30分钟以上，伴有心悸、胸闷、呼吸困难、面色苍白、冒冷汗等。

常见的应急处置措施：

- 原地休息，不可随意搬动，并立即拨打“120”急救电话。
- 有条件者，以2~4升/分钟吸氧。
- 含服速效救心丸或麝香保心丸。
- 若无心跳，立刻连续做胸外心脏按压和人工呼吸（不能停顿），需持续到送医院抢救之后。

专家提醒

急性心肌梗死发病时，与心绞痛的症状比较相似，但心肌梗死的疼痛程度更重，持续时间更长；心绞痛发作较频繁，每次发作一般不超过15分钟，而心肌梗死发作一般均超过30分钟，可长达数小时。心绞痛患者的血压可升高或无显著改变；心肌梗死患者的血压一般可降低，甚至出现休克，也伴有心律失常、心力衰竭等。

脑出血

症状：突发严重头痛，可伴有恶心、呕吐；或突发偏瘫、失语、口角歪斜，甚至昏迷等。

常见的应急处置措施：

- 卧床休息。
- 如果血压偏高，超过180/100毫米汞柱，可口服降压药。
- 停用阿司匹林等加重出血倾向的药物。
- 对于昏迷患者，应及时移去假牙，清除口鼻腔内呕吐物，将头偏向一侧，保持呼吸畅通。
- 立即拨打“120”急救电话，送医院救治。

中风

症状：突感头痛，身体失去平衡，站（坐）不稳，视觉障碍，言语不清，流口水，口角歪斜，肢体瘫痪，大小便失禁等。

常见的应急处置措施：

- 让患者卧床休息。
- 切勿搬动患者，以防血管破裂。
- 立即拨打“120”急救电话，送医院救治。
- 测量血压，若血压不超过180/100毫米汞柱，可口服阿司匹林。
- 有条件的，可给吸氧。

哮喘

据世界卫生组织公布的《全球哮喘负担报告》显示，目前中国的哮喘患者已近2 000万，而其中获得正规治疗的仅占1%。面对如此严峻的哮喘防控形式，只有掌握正确有效的应对措施，才能更好地防控哮喘发作。

症状：胸闷、气喘、呼吸困难、咳嗽等，尤其是夜间或凌晨阵发性呼吸困难。

常见的应急处置措施：

- 去除可疑的过敏原，如鲜花等。
- 帮助患者取坐位或半卧位休息，并保持前倾。解开患者衣领扣，放松腰带。
- 立即给予舒喘灵等气喘喷雾剂吸入，按压1~2喷。
- 有条件者给吸氧。
- 若不缓解，立即拨打“120”急救电话，送医院救治。搬运患者时，切勿用背的方式，以防呼吸骤停。

排除过敏原。

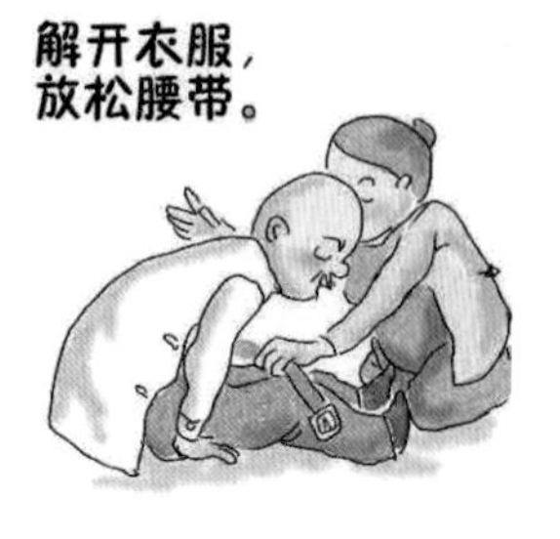
解开衣服，
放松腰带。

舒喘灵。

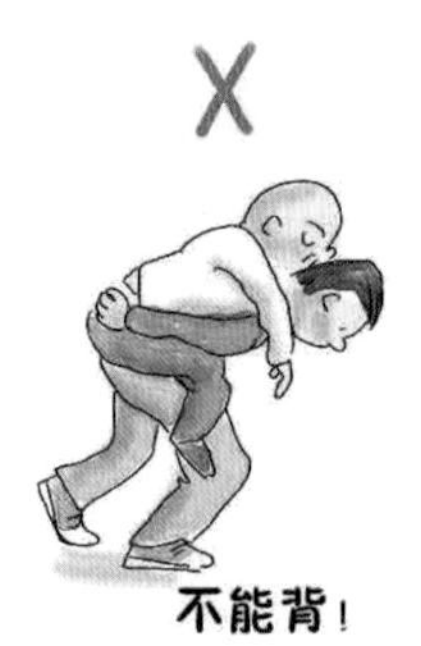
X
不能背！

呼吸道异物

症状：异物入喉时，发生呛咳、气急、呼吸困难及喘鸣；稍大异物若阻塞于声门可窒息致死。

常见的应急处置措施：

- 促使患者大声咳嗽，促进异物咳出。
- 让患者俯倾并拍背，促进异物排出。
- 让患者取坐位或站位，从背后双臂环抱患者，一手握拳，用拇指掌关节突出点顶住患者腹部正中线脐上部位，另一只手的手掌压在拳头上，连续快速向内、向上推压冲击6~10次（注意不要伤其肋骨）。
- 对于昏迷倒地的患者，可让其呈仰卧姿势，并骑跨在患者髋部，按上述方法，使阻塞气管的食物上移并被驱出。若无效，隔几秒后继续按压，促使患者咳嗽，使堵塞物冲出气道。

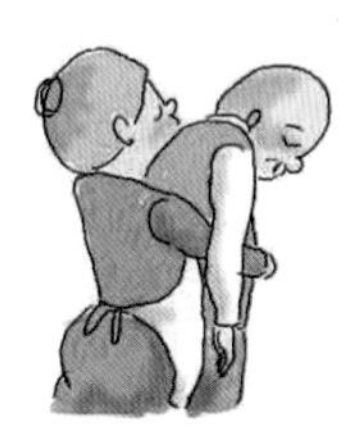

按压6~10次。

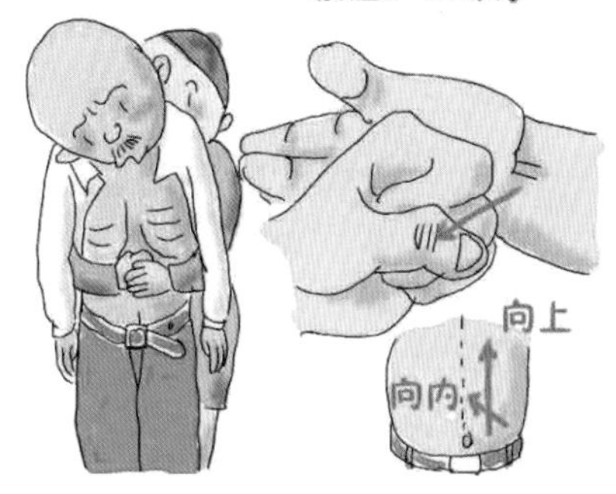

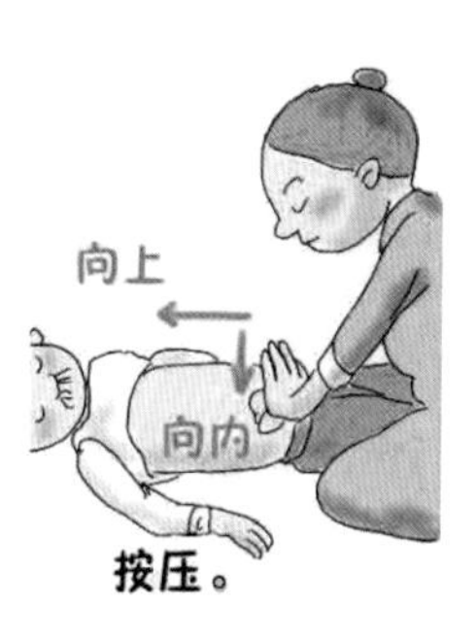

按压。

四、典型案例

Dianxing Anli

典型案例

1. 郑州市某新区电气火灾事故
2. 浙江省温州市某住宅区电热水器触电事故
3. 山东省章丘市某住宅楼燃气泄漏爆炸事故
4. 北京市朝阳区十八里店乡某住户电动自行车火灾事故

1. 郑州市某新区电气火灾事故

2015年6月25日凌晨，郑州市某新区4号楼2单元一层楼梯间接线箱内电气线路单相接地短路，起火冒烟，火苗引燃箱内存放的纸张，火势通过接线箱上方间隙引燃了原电表箱内存放的可燃物，烟气、火焰从箱体缝隙向外蔓延，引燃了楼梯间内放置的电动自行车等，楼梯间内放置的电动自行车、自行车、座椅等被引燃后产生大量高温有毒烟气，导致15人死亡、2人受伤。

事故教训

电表箱内不应存放纸张等可燃物，楼梯间内也不应存放自行车、电动自行车等物品，这些物品起火后会释放大量高温有毒烟气，形成“烟囱效应”，致使人员无法安全逃生。

专家提醒

线路箱内须装设漏电保护和过负荷保护装置，在电气线路发生单相接地短路时能够有效切断电源。电表箱内不允许堆放可燃物品。

2. 浙江省温州市某住宅区电热水器触电事故

2017年8月7日，浙江省温州市某住宅区502住户发生触电事故，导致一家三口身亡。经调查，事故的直接原因是该单元302室修理电气线路时将地线与火线错接，导致整个单元地线带电，而当时502室的住户在使用电热水器洗澡时经由喷淋管触电，其他两名家庭成员在施救过程中相继触电，最终导致三人均触电身亡。

事故教训

首先，电热水器应安装独立的电路开关；其次，在洗澡时尽量彻底断电后再使用。出现电热水器安全事故大多数原因是漏电。遇到这种情况，施救人员不要盲目施救，应在保证自身安全的情况下，再进行合理施救。

专家提醒

要采取正确的方式使触电者迅速脱离电源。首先应当迅速关闭电源开关，再使用绝缘工具使触电者脱离带电体或施救者在自己脚下垫绝缘物品，用干燥绝缘的布条、绳子等将其拉离电源。

3. 山东省章丘市某住宅楼燃气泄漏爆炸事故

2003年1月27日6时44分，山东省章丘市某居民小区北区住宅楼突然发生爆炸。这一单元共5层，每层2户，共有29名居民。这10户居民的住宅楼全部坍塌，造成14人死亡、3人重伤。

事故教训

经调查，该起事故是由于居民使用燃气操作不当，造成大量燃气泄漏，且缺乏相关应急避险常识，在燃气泄漏的情况下开灯产生明火而引起爆炸。

专家提醒

当燃气泄漏时，应立即关闭阀门，打开门窗通风，千万不要开关电灯和家用电器、打电话、拖拉金属器具及穿脱衣服，更不能吸烟。另外，居民家中最好装设燃气报警器。

4. 北京市朝阳区十八里店乡某住户电动自行车火灾事故

2017年12月13日凌晨1点左右，北京市朝阳区十八里店乡一处村民自建房发生火灾。经过调查，是由于住户从二楼私拉电线，通过移动式插座给电动自行车充电，电源线发生短路引发火灾。该事故造成5人死亡、8人受伤。

事故教训

该起事故是由于住户在楼道里私拉电线给电动自行车充电，导致充电器起火引发了火灾。应注意切勿在建筑物内的共用走道、楼梯间、安全出口等处停放电动自行车或给电动自行车充电，必须在室外专用充电桩充电。

专家提醒

电动自行车不允许停放在楼道里，更不允许私拉电线充电。